目次

特集1

「野良坊菜」與「野良坊」

你可曾吃過，一種叫做野良坊菜的蔬菜呢？
這種菜只產於東京的武藏野、還有多摩地方
從江戶時代起便保持原狀留存至今。
最近在超市也可以看見
以「美味菜」或「搔菜」等名稱出現的野良坊菜。
盛產期是3到4月底，
伸長的花莖可摘下來食用。
是只有在這段期間才吃得到，產期限定的東京在地蔬菜。
為了想看看野良坊菜，
我們拜訪了在三鷹市栽培的清水農園。

料理—明峰牧夫（野良坊老闆） 攝影—杉野真理 文—高橋良枝 翻譯—褚炫初

探訪三鷹市「野良坊菜」的菜園

栽培的菜農清水先生與
用野良坊菜做料理的明峯先生。
野良坊菜。這天，在清水農園買的蘿蔔、
野良坊菜、菠菜總共400日圓。

「清水農園」
東京都三鷹市野崎3-11-13
http://www1.parkcity. ne.jp/kiyomasa/
清水農園的商店可購買　9:00～18:00

清水農園位於三鷹市的住宅區。有兩棟溫室和菜園、商店、堆肥小屋。清水正博先生指著最裡面的兩畝地說：「這就是野良坊菜。可以隨便摘。」

野良坊菜長得像蘿蔔葉，有明顯的葉脈，色澤濃綠，葉子調皮地伸展開，菜梗上長滿了花莖。

野良坊菜與油菜花、花椰菜同屬十字花科的蔬菜，關於「野良坊」的名稱，「是暱稱、俗名啦！」清水正博先生說。

鄉野的孩子（譯註：日文的「野良」為田野、荒原，「坊」為小孩之意），真是個可愛的稱呼！從名字就可以看出這蔬菜多麼平易近人且備受重視。

五日市町的子生神社境內，有個「野良坊菜之碑」，上面寫到拜野良坊菜之賜，拯救了天明、天寶年間的飢荒。

擁有歷史淵源的野菜，到了現代再度受到注目，實在是件有意思的事情。

野良坊菜凍

■材料

野良坊菜……2把
高湯……160cc
味醂……20cc
薄鹽醬油……20cc
粉狀吉利丁（明膠粉）……4公克
番茄切片（5mm厚）……3～4片

■做法

❶將野良坊菜的莖葉分開放好（此料理只使用葉子、葉尖的部分）。先用熱水汆燙使葉片變軟，再過冷水瀝乾。
❷將高湯與味醂煮沸後轉為弱火，加入薄鹽醬油，放入吉利丁溶解後關火。
❸夾起放入容器。
❹等❷降溫至皮膚的溫度，便注入❸裡並放進冰箱冷藏定型。
❺在餐具裡先鋪上番茄，再把❹盛在上面。如果有油菜花可以擺盤裝飾（照片為棣棠花）。

■重點

喜歡口感較硬的菜凍，可以將吉利丁的量增加到8～10克。野良坊菜與其用高湯涼拌，還不如煮得軟一點會比較容易入口。

野良坊菜與豆皮的清爽燉菜

■材料
野良坊菜……………1把
油豆皮……………1片
新鮮香菇……………2朵
吻仔魚……………20公克
高湯……………1杯
薄鹽醬油……………1小匙
鹽……………1小搓
味醂……………1小匙
炒過的白芝麻……………適量

■做法
❶將野良坊菜的莖葉分開放好（此料理只使用葉子、葉尖的部分）。先用熱水汆燙使葉片變軟，再過冷水瀝乾。
❷將油豆皮的油分去除後切絲，約5～7mm，新鮮香菇也切成薄片。
❸將高湯倒入鍋內開火加熱，按照順序放入吻仔魚、油豆皮、新鮮香菇、野良坊菜，以小火慢煮。
❹加入味醂、鹽、最後是薄鹽醬油調味，取出放入容器，灑上白芝麻。

■重點
要看吻仔魚本身的鹹度、油豆皮與香菇的鮮味來調整調味料的份量。

到「餐飲屋・野良坊」享用野良坊菜料理

店內吧檯和座位區
共有12席
老闆和員工都很年輕，
氣氛非常輕鬆
「食べごとや・野良坊」
東京都杉並區西荻北4-3-5
電話：03-3395-7251　周一公休　預約制

在東京西荻窪「餐飲屋・野良坊」這間餐廳，可以吃到當令精選的養生料理，深受料理家、造型師和編輯們的喜愛。

正在做「野良坊」料理的明峯牧夫先生，是年僅三十歲的年輕老闆。

決定要開一間「餐飲店」時，「覺得野良坊聽起來很可愛，也希望開一間讓大家多吃蔬菜的店，所以才把店名叫做『野良坊』。」

對於在東京日野市附近長大的明峯先生來說，「野良坊」是童年經常吃到的蔬菜。

「只要野良坊菜出現在餐桌，就會有『啊！春天來了』的感覺。」

我們吃到的野良坊菜，幾乎沒有草味，是一種感覺很順口的蔬菜。每年3月底到整個4月，都可以在「野良坊」餐廳吃到。可惜今年的時令已經過了，等明年春天吧！

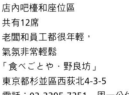

對談・吳念真vs.傅天余

有咖啡的日子

原產於非洲的咖啡，現在成為世界各地普遍的飲料。
16、17世紀，咖啡在法國沙龍裡成為激發藝術、
音樂、文學等創作者的靈感來源，
兩位不同世代，但同樣熱愛咖啡的電影導演，
在初夏的午後，喝咖啡、聊咖啡、
以及和咖啡有關的生活。

攝影—鄭年翔　文字整理—傅天余

吳念真—全方位創作大師，
人生像咖啡一樣滋味豐富。
（以下簡稱**W**）
傅天余—電影導演、作家。
一年前開了自己的咖啡店。
（以下簡稱**F**）

F 今天來一邊喝咖啡，一邊聊聊咖啡吧。你對咖啡的第一個印象是什麼？

W 小時候根本沒有「咖啡」這個概念，那是離我的生活太遙遠的一種東西，礦工是不可能會去買咖啡喝的。是要到比較大了小學五、六年級左右，我開始喜歡看書、看《文壇》之類的文學雜誌，書裡常常寫到主角去哪裡喝一杯咖啡，我才有概念說咖啡是一種飲料，但根本不知道那是什麼味道。

F 對我來說「咖啡」這種飲料也是先從電影裡看到的，形成一種對外國人生活的印象。我知道外國人早上起床第一件事是去煮咖啡，像我們早上起來要刷牙一樣，然後外國人家裡有客人來的第一句話也是問，想來杯咖啡嗎？

W 對，後來看到很多西方的電影，我也才漸漸知道外國人喝咖啡好像會用各種不同的杯子，有各種不同的煮法。

F 你人生是什麼時候第一次喝到咖啡？

W 想起來其實滿好笑的。小時候簸仔店有那種付幾毛錢就可以抽一張紙籤的遊戲，可以抽各種塑膠小玩具之類的獎

品，有一天我抽到的獎品是一包咖啡粉……。就是一個小紙袋，裡面還有一層塑膠袋，裡頭裝了一些黑色粉狀的東西。那時根本也不曉得這到底是不是咖啡，反正抽到就很開心帶回家，因為家裡弟弟妹妹多，就泡了一大杯，大家分著喝。

F 你還記得那是什麼味道嗎？

W 不記得了。大家只是傻傻的喝，反正上面寫說是咖啡，所以就喝了，現在也想不起來那到底是不是咖啡的味道，只約略記得是一杯有顏色的水，味道跟平常習慣喝的茶有點不一樣。

「味道這種東西很直覺，第一次聞到就會決定這輩子喜歡或不喜歡」

F 第一次真正喝到咖啡是什麼時候？

W 是在基隆中學念初中的時候。學校有一個體育老師，高高帥帥，戴著太陽眼鏡，才大學畢業不久，很酷、很特立獨行的樣子。這個體育老師上課的方式跟其他老師不太一樣，很少帶我們做體操，他會讓我們先拉筋，然後要我們不

斷練習百米起跑衝刺的動作，他的用意是要快速讓我們這群讀書蟲增加體能，現在想起來是一個怪咖就是了。

有一天上完體育課，下一堂剛好是自習，他說不想自習的人可以去他的宿舍聊天，我們三、四個平常跟他比較好的同學就去了。體育老師的宿舍小小的，有很多書，我印象很深的是牆上貼了很多Playboy的裸女照片。老師說要泡咖啡請我們喝，我心裡面覺得很興奮，因為咖啡是只會在小說裡讀到的東西。

他用即溶咖啡粉在每個人的杯子裡放一點咖啡粉，然後沖熱水，他還問我們要不要加糖，我那時候根本不知道喝咖啡到底要不要加糖，但是我就回答說不要。所以我第一口喝下去的味道，是覺得咖啡喝起來很苦，但是聞起來很香！

F 味道這種東西很直覺，第一次聞到就會決定這輩子喜歡或不喜歡。

W 對，就像第一次聞到檀香雕刻的東西、或是檜木地板，我立刻就知道我喜歡。那時我很確定咖啡的味道是我喜歡的，覺得是跟自己可以靠近的飲料，那味道怎麼形容呢……好像是有一種「滿有味道」的味道。

F 我也覺得氣味是咖啡最吸引人的地方。剛磨好的咖啡粉，是世界上最美好的味道之一。

W 人對很多東西的感受都是因為味道。我記得讀過一篇文章，作者寫說她第一次跟男生約會那天剛下完西北雨，兩個人在街上散步，空氣裡都是西北雨過後泥巴啦水氣啦各種氣味，所以之後每次聞到那個味道都會覺得很幸福，也有一點憂傷。我很相信這種連結。

不知道是因為很高興可以跟老師聊天還是老師請我喝咖啡，那天喝完我有一點點興奮感，走回教室的路上一直覺得心臟怦怦跳。那個下午的咖啡對我來說很美好，從此之後咖啡的味道一直很吸引我。

F 那是咖啡因的關係吧。

本日咖啡——
由衣索比亞、椰加雪菲、日曬曼特寧、薩爾瓦多、哥斯大黎加五種單品豆調配而成的綜合豆，香氣豐富、口感圓潤滑順易入口，是適合每個人的基本款咖啡豆。

W 現在想起來應該是咖啡因沒錯。因為是老師給我喝，而且跟我說那是咖啡，所以我確定那就是咖啡的滋味，之後看小說、報紙副刊裡面提到咖啡，就比較能想像咖啡到底是什麼，因為喝過了。

F 就像我最近在重讀一些小時候讀過的小說，發現跟當時讀的印象完全不一樣，讀起來多了很多味道，因為很多小時候只能想像的食物現在都有了明確感受，比方魚子醬、馬卡龍，我想這是變老可以帶來的好處之一。

「我覺得最美味的咖啡，還是自己一個人喝的時候」

W 之後咖啡給我的印象也跟體育老師產生連結，總覺得那是有點豪邁、特立獨行的人喝的飲料。

後來再喝咖啡是初中畢業到台北來工作之後的事了。那時候大概17、18歲，忘了是第幾個雇主，大約有半年的時間，我在仁愛路一家診所當小弟。醫生每天晚餐後就不再看診，我在樓下把錢整理好拿到樓上給他的時候，通常都會聞到裡面有咖啡的味道，醫生夫妻倆坐在一起喝咖啡聊天。那個咖啡的味道給我的感覺是很relax，是工作忙完可以去洗澡休息了，代表一個美好的夜晚。

離開那裡不久之後，我第一次自己買咖啡來泡。記得是在雜貨店買的南美牌咖啡粉，不便宜，小小一瓶75塊左右。第一次自己泡咖啡很慎重，打開咖啡罐，倒咖啡粉，沖水，用筷子攪一攪，一樣沒加糖。那杯咖啡聞起來很接近體育老師房間的味道，也很接近老闆家二樓的味道。可能咖啡粉放太多，倒是有一個感覺又找回來了，喝完心臟怦怦跳，整個晚上都睡不著。

F 為什麼那個時候會想去買咖啡粉自己泡？

W 也許是因為那段日子不是很順暢，很窮，工作很辛苦，所以很想給自己找一點安慰，想要有一個東西是屬我自己的。晚上下班回到租來的房間，泡一杯咖啡，那時候我有一台二手的RCA收音機，美軍電台晚上常常會放古典樂，我喜歡一邊喝咖啡一邊聽美軍電台，喝完咖啡精神很好不會那麼想睡覺，我可以看看書或寫點東西。現在想起來，那時咖啡很明確給我的感覺是代表一段可以放鬆休息、單獨enjoy的時間，只有跟自己在一起，是屬於我一個人的時間。一直到現在，這樣的時間對我來說都無比珍貴。

F 所以咖啡對你來說比較是「一個人」喝的飲料？

W 你有沒有發現，小說或電影裡面出現的咖啡，通常都是跟「約會」有關。但是跟別人一起喝咖啡的場合通常都有目的，也許是等待、約會、或開會，對我來說意義都不大，我覺得最美味的咖啡，還是自己一個人喝的時候。

「很多人喝咖啡是用來提神，但它對我來說永遠是relex的，是一個開始或一個終結」

F 現在我每天早上起床一定要先喝杯咖啡，像小時候電影裡的外國人那樣。

工作開會也經常一整天喝個不停，甚至會把咖啡機搬去拍片現場，有時候會擔心好像喝太多了。

W 我通常是午後喝一杯，還有一個習慣，四十幾年來都是如此，每天晚上要開始工作認真寫劇本的時候，我一定會拿一杯茶，跟一杯咖啡進書房，先趁熱喝掉咖啡，像在準備一種情緒——現在是我的時間了，要開始進入工作狀態，那杯茶則是放在旁邊慢慢喝一整個晚上。說起來是不太健康的喝法。然後每次完成一個劇本，不管那時是幾點，我一定會去泡一杯咖啡喝，做為一個句點，也像是給自己的一種獎賞、一個慶祝。很多人喝咖啡是用來提神，但它對我來說永遠是relex的，是一個開始或一個終結，或是去享受什麼的時候會一起喝的飲料。

F 你平常喜歡什麼樣的咖啡？

W 我不像那些很會喝的人能分辨咖啡豆的各種味道，我只習慣喝黑咖啡，偶爾加糖，但絕對不加奶。可能一開始是貧窮喝法，連糖都捨不得買，更沒錢買奶精，因此也習慣了咖啡純粹的味道。

「一杯咖啡好不好喝，最重要還是情境」

F 那真的沒那麼重要，一杯咖啡好不好喝，最重要還是情境。

W 你說的沒錯，所以我記得的好咖啡，都不只是咖啡的味道。有一年我帶著《多桑》在歐洲跑影展，在希臘影展遇到中國的王小帥導演，待了幾天有點無聊，我本來想先離開，去都靈影展找楊德昌，但是影展的人叫我跟王小帥都不能走，那意思就是暗示你有得獎。我們兩個只好留下來，成天在一起到處混。頒獎典禮那天，因為是國際影展跟國內影展一起舉行，典禮很冗長，希臘話一個字也聽不懂，我跟王小帥坐在那邊很無聊，我問他等下出去最想做什麼，王小帥說，好想喝杯咖啡喔。我說，我也是啊，真想喝杯咖啡再抽根菸。

結果揭曉，最後王小帥得了金獎，我得銀獎、影評人費比西獎跟最佳男主角，當晚就看到我們兩個東方人一直輪流上台。我很開心有筆獎金，王小帥卻有點苦惱的說他是借錢拍電影，現在得了獎，大家知道有獎金，一定都會跑來要錢。典禮結束時已經很晚了，後來我們真的就一人買一杯咖啡，坐在希臘的路邊喝。那是十月滿舒服的天氣，兩個人各自在想各自的事，都很開心、很滿足，我覺得那真是我這輩子喝過的，一杯滿好喝的咖啡。

所以現在你如果問我得到一個榮譽、或很高興的事，我最想做什麼？我會想要單獨去買一杯咖啡，坐在一個沒有人的地方喝。

咖啡提供：nichi nichi 日子咖啡　台北市大同區赤峰街17巷8號　02-25596669　13：00-22：00（不定休）

桃居・廣瀨一郎
此刻的關注❶

村上躍之器

村上躍先生的作品不使用轆轤，
幾乎都是採取「手拉坯」的方式以雙手來進行創作。
另外還有一個特徵，
就是使用的是陶土。
早早就注意到村上躍的廣瀨先生，
為我們介紹了作品的魅力所在。

攝影—日置武晴　文—廣瀨一郎　翻譯—褚炫初

「村上躍的器皿或許冷淡。不會對使用者微笑。
但對我來說，那種酷味反而讓人感覺很自在。」

片口（110×130）

「陶土表面可見手拉坯留下的細緻手指痕跡，
感受得到製作時柔軟的節奏呼吸。」

壺（160×95）

「做為每天使用的器皿有著剛剛好的距離感。
越用卻又越溫暖。這就是他的作品風格。」

杯子（95×60）

「桃居」 東京都港區西麻布2-25-13 電話：03-3797-4494 週日、週一、例假日公休 http://www.toukyo.com/
廣瀨先生以個人審美觀選出當代創作者的作品，寬敞的店內空間讓展示品更顯出眾。

江戶七代傳人的江戶前壽司

千八鮨

「最近，提起烏賊幾乎都是生吃，不過古早味的壽司可是會花上一些工夫哦」

眼前剛端上來的壽司，帶卵的長槍烏賊用日本酒煮過，半邊縱向切絲放在米粒上，上面還塗了獨門醬汁。松下先生的壽司，很少讓生鮮食材以原有風貌上桌，幾乎所有的握壽司，都另外下過工夫。

家族世居江戶到至今已是第七代，松下進太郎經營的「千八鮨」位於日本橋的中心。

「這裡可是我出生長大的家。關東大地震以前，這一帶是魚市場，我們本來是開潮待茶屋的喔。」

「潮待茶屋」指的是給帶漁獲到魚市場批發的漁夫們，為了等待退潮而準備的茶屋，可以在裡面用餐、下棋，或午睡的場所。

松下家的祖業是間創業於江戶文政七年（1824年）的漁產批發商。繼承了漁獲批發老字號的兒子，在20歲的時候開了壽司店。

「我向父親請求說讓我開壽司店吧！然後就這麼開始了。找來真正會做江戶風味壽司的師傅，跟著他學。」

雖然老闆本人無意就細節多著墨，但聽說之後的鑽研委實下了一番苦功。跑圖書館、從江戶時代的文獻當中，研究道地的江戶風味壽司。

「儘管如此，還是會出現如今已消失的材料，無法呈現原有的壽司風貌。」

在千八鮨可以看到「春子鯛」（譯註：鯛魚的幼魚）、「鬚鱈」等不常見的壽司材料，即使是慣見的，也定會另費工夫，吃來有股不同滋味。以後每次去都要好好領教這廚藝。

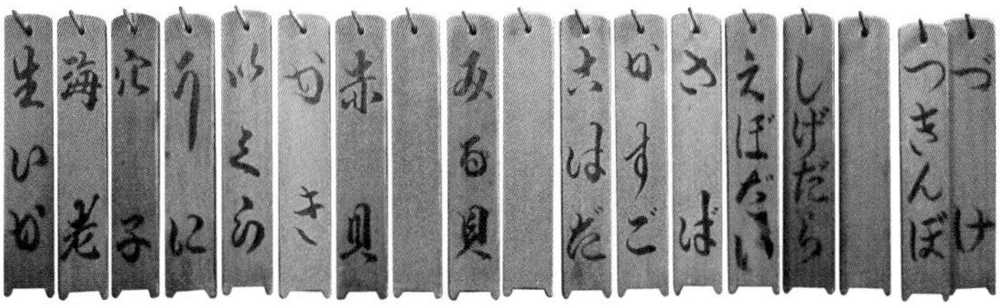

菜單

「千八鮨」距離日本橋三越百貨總店很近。
因為在小巷深處，
路過行人不容易找到。
或者該說，如今已停止營業了。

第七代的老江戶人，
安靜不說廢話。
用心端詳客人用餐狀態，
以最適當的節奏出菜。
幾乎所有的壽司，
都沒有沾醬油的必要，
滋味都已臻至完美。

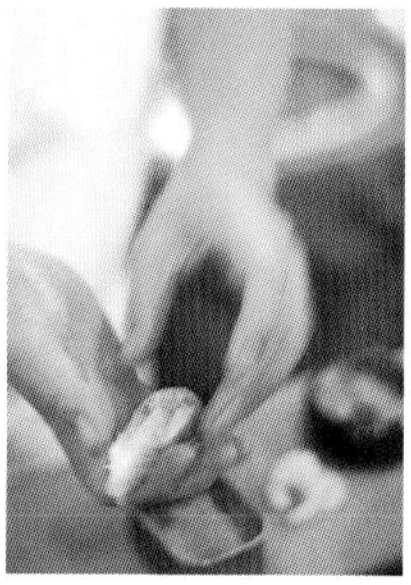

江戶前壽司❶

鮪魚漬

有時我會想：日本人是從什麼時候開始，變得如此熱愛鮪魚的呢？

「過去鮪魚肚是被丟掉的耶！會用在壽司上的只有紅肉的部分。」松下先生說。

「據說從前紅色魚肉也不是握一下就好，一定會醃漬一下。」

近來「醃漬」的壽司似乎成為流行，每間壽司店都有，大部分都是把生鮮的紅色魚肉沾點調味料就稱之為「醃漬」了。松下先生的醃漬壽司可不同。第一次吃到時，讓我看得驚喜，吃得感動。

外表因為稍微汆燙而呈白色，內側的魚肉有如紅寶石般閃爍著光輝，上面點綴了少許和風黃芥末（和辛子）。放入口中，帶著淡淡醬汁鮮味的鮪魚與和風黃芥末，交織醞釀成無法言喻的優雅合聲。

「如果拿生鮪魚肉醃，醬汁無法完全滲透入味，只有鹹味會被吸收。但汆燙的部分，不能超過1釐米。」

還有裡面的魚肉，一定要漂亮的紅寶石色澤。為此在汆燙前必須上下用冰塊夾住鮪魚肉，冰鎮5～6小時將顏色逼出。之後，再放入柴魚做的高湯底醃漬一整天。

「這種醃漬壽司若不搭配和風黃芥末，就不好吃。」

的確，微甘的醬汁味道優雅，很可能會被芥末強壓下去。其實很多年之後芥末才開始普及，江戶時代的壽司，似乎都是用和風黃芥末。

做工細緻的「醃漬生鮪魚」，和直接生吃的鮪魚肉，簡直是兩種完全不同的風味。這種壽司可以說是在沒有冷藏設備的江戶時代，職人們用智慧創造出來的美食。

醃漬的握壽司

醃漬

將用冰水冰鎮過的鮪魚塊放到竹篩上瀝乾。等醬汁完全冷卻後把鮪魚放入醃漬。盡量避免魚肉重疊，用保鮮膜將容器封住，放進冰箱冷藏。經過一天一夜後，將鮪魚從醬汁取出，包好存放，並避免乾燥，可以在冰箱保存約一個禮拜。

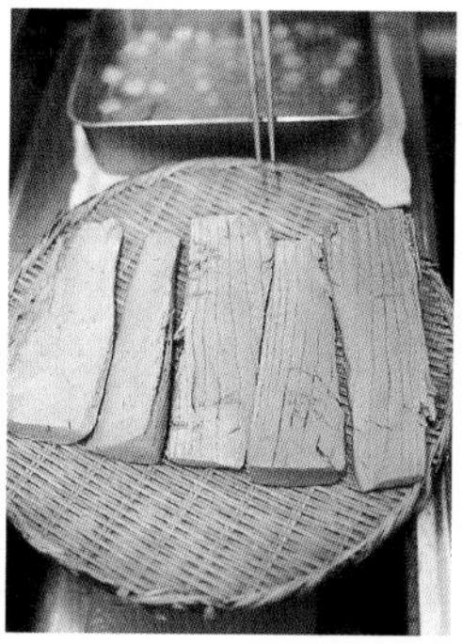

汆燙

用乾布或餐巾紙，將裁切好的大塊鮪魚肉包起來，在袋子裡放冰塊上下夾住鮪魚肉，靜置5～6小時，將顏色逼出。這麼做會讓血色沉澱偏黑的魚肉，呈現美麗的紅寶石色澤。一次放一塊鮪魚進入沸騰的滾水汆燙10～15秒，拿起後立刻放入冰水中。

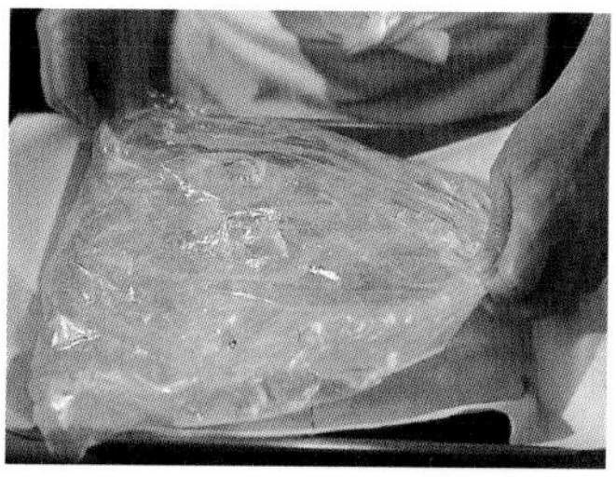

醬汁

首先要製做高湯底。水滾之後轉小火，加入大量去除血色的柴魚片，一分鐘左右後瀝掉柴魚片，將高湯倒入大鍋。鍋裡的比例是高湯底4：醬油5：酒1：接著加入砂糖，以不要煮沸的狀態下開火加熱。移至可醃漬的容器冷卻。為避免魚肉變硬，不可使用味醂。

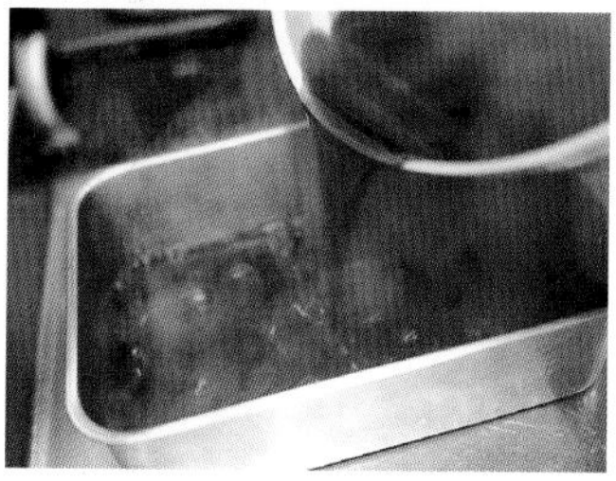

江戶前壽司❷

春子鯛

掛在「千八鮨」店內的菜色牌子已經有點舊了，上頭看得到一些很少在其他店家看見的名稱，例如「春子鯛」（Kasugo）、「髭鱈」等。春子鯛又簡稱為「春子」，是春秋兩季當令的魚種。

「看起來像小鯛魚，其實是血鯛。因為出現在春天，所以叫做春子。也有人說是因為它的肉質不如真鯛，取『不成材』（Kasukko）的諧音，變成了春子。」

江戶時代，還沒出現壽司攤之前，有一種挑著扁擔在橋邊販賣壽司的小販，稱為「挑擔販」，有點類似我們現在的外帶壽司。

「那時扁擔上擺兩個小桌，用醋浸過沙鮻、竹莢魚、斑鰶之類的小魚後切片，魚片很大，連下面的飯粒都看不見。」

至於醬漬這種手法，例如把鮪魚處理成醬漬鮪魚生魚片，則是在壽司攤出現後的事。在那之前，江戶人主要採取醋漬手法，把江戶前的海裡捕上來的整尾小魚浸醋後裹上飯糰，稱為姿壽司（譯注：姿鮨，姿為保留全魚姿態之意），是庶民的壽司。

春子鯛壽司從那時候起就有，不過現在的壽司店幾乎看不見到。

「因為春子鯛處理起來太麻煩，傳統上還要在魚片與飯糰之間鋪一層碎蝦，做這道菜賺不了錢。何況春子鯛有一套傳統的刀工，已經找不到師傅可教這技術了。」

松下師傅在說明的同時，手上那把刀也沒停過。一尾又一尾小小的春子鯛在他手上俐落地按照正統刀法切開、抹鹽、醃醋，看起來的確是挺費事的。

但最後出來的成果，除了「美」還有什麼形容詞呢？泛著櫻花色澤的鯛皮上劃出了十字刀，隱約看得見底下的濃櫻色沙蝦泥，尾巴則揚揚地翹了起來。

一入口，被醋微醃過的鯛魚肉質柔軟而溫潤，碎蝦肉散發出了淡淡的甘甜味，兩者交融出了無以言喻的美妙滋味。松下師傅今天用醋的工夫仍舊恰到好處，高雅而不過度自我主張。

春子鯛握壽司

醋漬

以醋1：水3的比例兌開漬汁後，輕輕將魚尾折往魚皮的方向，接著魚皮朝下醃漬。醃了大約7分鐘後，等魚肉一轉白便拿起。

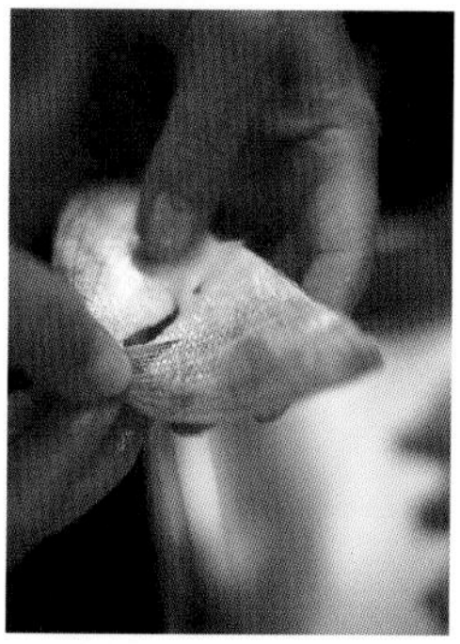

抹鹽

以鑷子仔細去除細魚骨後，將魚片攤平在篩子上，小心不要重疊。兩面抹上薄薄的一層鹽巴，進冰箱冷藏20分鐘，再拿出來沖水，把鹽巴沖掉。

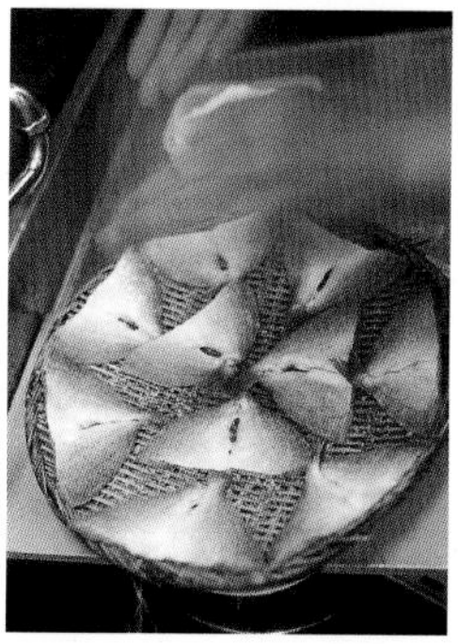

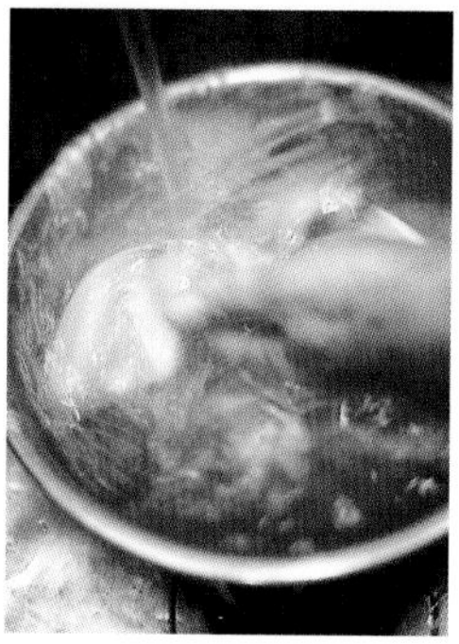

切魚

切掉魚頭，從魚背下刀。將刀刃沿背骨水平切開後，把刀轉直，以刀刃靠近刀柄的部分將腹骨拉往自己的方向切掉。

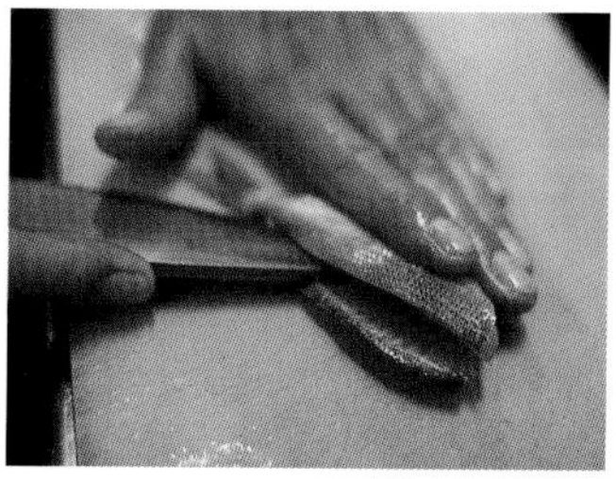

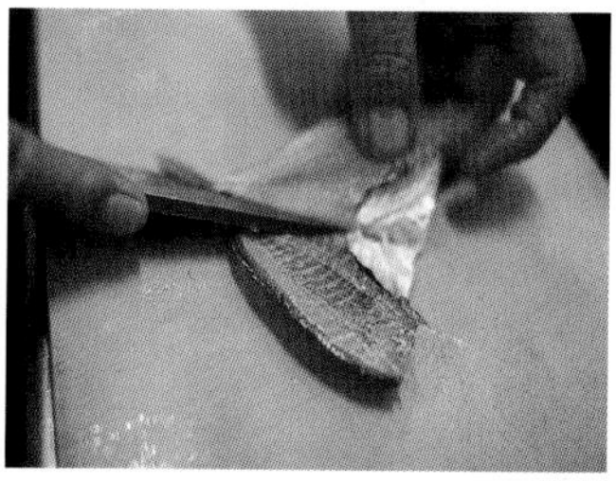

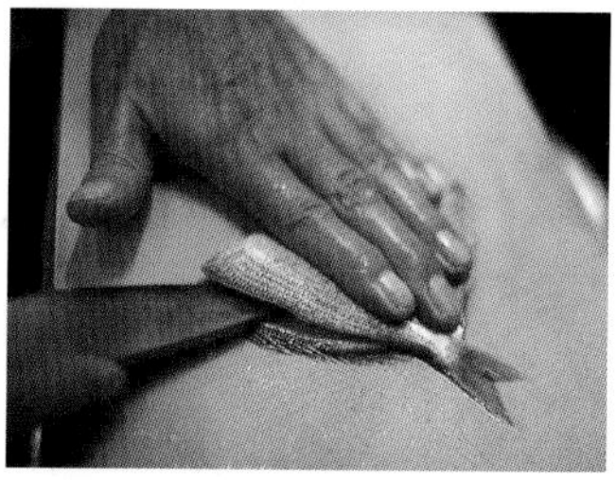

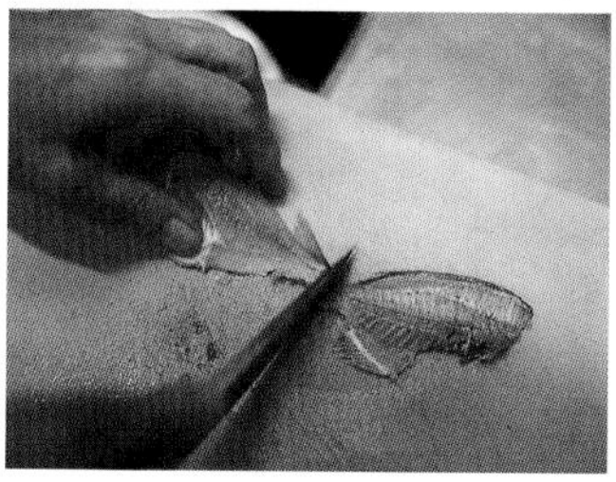

 文—高橋良枝　攝影—日置武晴　翻譯—蘇文淑

抱著嬰兒的飛田和緒與井山三希子，
於工房兼住宅前。
下圖為井山小姐手作的甜栗澀皮煮。

特集2

井山三希子以石膏模成形的

黑、白器皿

陶瓷器通常採取手捏或拉坏的方法成形，
但井山三希子以其他作法
為作品帶來了獨特的味道。
為什麼她要製作石膏模，
再把黏土壓入成形呢？
為了想知道這個答案，我們拜訪了藤野町的工房。

採訪者—飛田和緒　文—高橋良枝　攝影—安井進　翻譯—蘇文淑

某一天，我正在跟飛田和緒講電話時，提到了要去參觀井山小姐的工房。飛田興沖沖地喊：「我也要去！」

於是，就在一個初秋晴朗的好日子，飛田抱著小嬰兒，從海邊小鎮來到了山中小城。井山小姐的工房位於藤野町，與飛田居住的海邊小鎮其實同屬於神奈川縣，但卻得穿

被群山碧翠環抱的相模湖水庫興建於昭和22年。

過整個東京才到得了。

藤野町是個被群山翠綠與相模湖環抱而成的幽靜小鎮。第二次世界大戰末期到戰後的這一段日子，很多藝術家從東京跑來這裡開拓新天地。藤田嗣治、萩須高德、豬熊弦一郎、脇田和等數十名雕刻家跟藝術家都喜歡上了這裡，打算把藤野打造成「大藝術都市」。

由於有這一段歷史背景，藤野現今還有一些陶藝工房，包括已故的青木亮先生的工房也在這裡。井山也是在他的介紹下，才搬到這裡來。

「當初是考量經濟而選擇了這裡，因為離婚後就得自己一個人過活……」

井山三希子租借的這棟民宅已經有點歷史了，她把這棟40年的成屋當成住宅與工房，與兩隻貓同住。據說這兩隻害羞（？）的貓很少出現在客人面前。

容易流於大膽冷傲的
黑白器具，
卻溫潤而帶著暖意。

井山三希子雖然用石膏模（作品照片下方）壓模成形，可是她的作品跟工廠生產的器物完全不同。手工壓模無論是把黏土壓在石膏模上、或是灌入模子裡成形時，手都會碰觸到黏土，因此一定有一個面會留下手紋。

她也跟東京麻布十番的「猿山道具店」合作了一系列作品：「ceramic works for table」。

黑碗公
稍微橢圓形的碗公用起來很順手，放櫻桃或草莓之類的水果很合適，也可以盛拌菜或燉菜。（110×125×75）

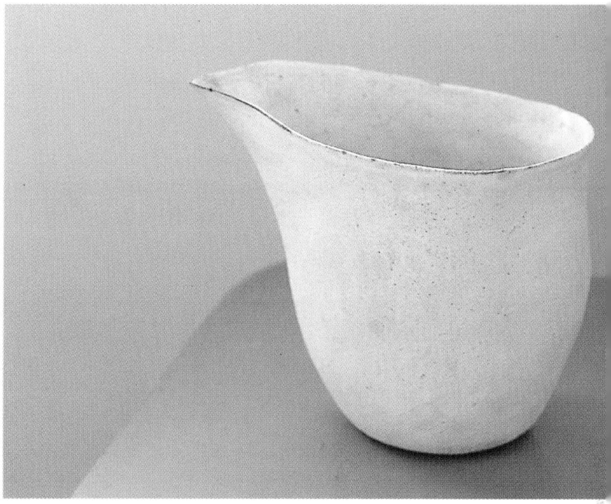

黑白杯

拿來喝啤酒、冷酒、果汁都合適，插上一朵花似乎也不錯。雖然用石膏模成形，但每個杯子的韻味還是各有巧妙。（40×40×70）

粉引壺

壺口圓尖。「我想要一個把紅茶倒進杯子裡的小壺。」於是喜歡喝紅茶的井山小姐，因為個人的需求，製作了這個粉引壺。（90×150×125）

消光白咖啡杯

杯耳的位置給了它不一樣的個性。無光澤的幽白色無論是倒進紅茶、咖啡或當成湯杯使用，都能讓色彩更顯雅緻。（70×70×50）

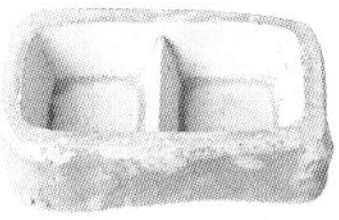

醬料碟

吃麵線或蕎麥麵時可以拿來放醬料，擺點小零食或糖果也很有趣。好好搭配這可愛的雙皿小碟吧。（65×130×20）

 譯註：粉引是將含鐵量多的陶土陰乾後，先上一層白色化妝土，再上透明釉的上釉技法，能帶出柔和的質感。

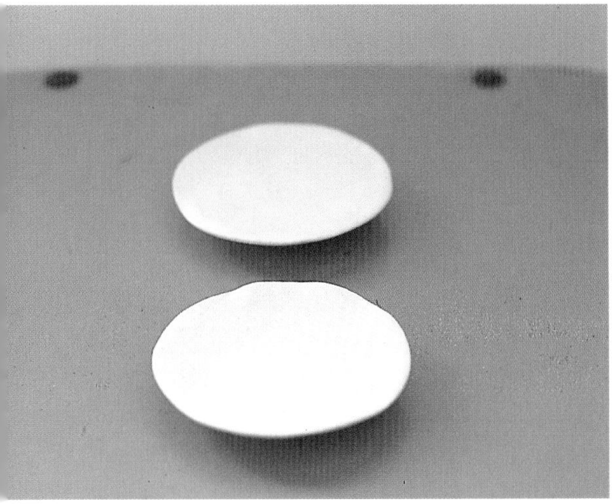

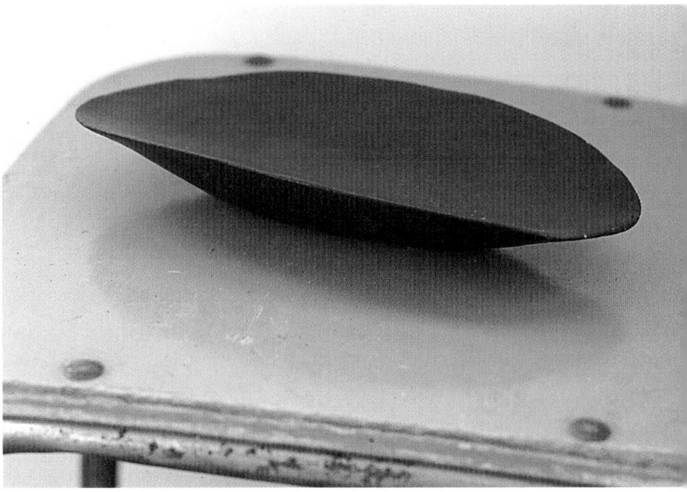

消光白小碟（豆皿）

飛田和緒也喜歡小碟子。小碟子的用途很廣，擺一組在家裡，變化多端。這組小碟有四角形跟花生形等幾種形狀，鈍拙的曲線很可愛。（60×60×10）

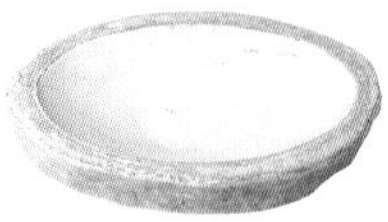

淺黑盤

稍微歪斜的橢圓少了一股鋒利、多了一點溫柔。黑色器皿無論是搭配日式或西式料理都很好看，是讓人想要擁有一個的器物。（105×180×20）

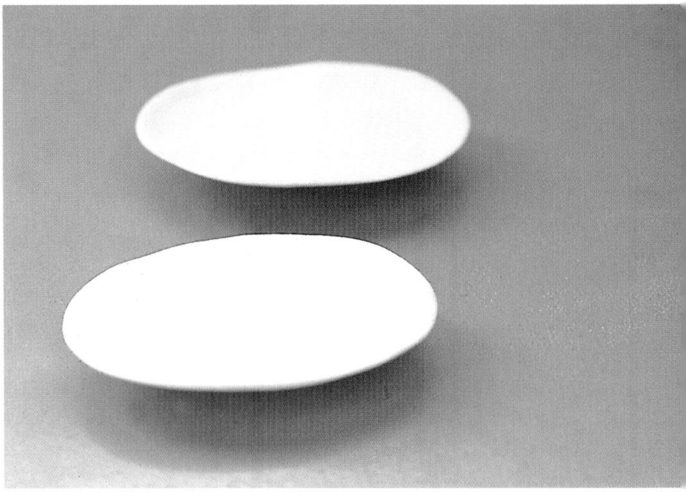

消光白缽

無法歸類為日式或西式的奇妙造型。如果擺上成堆西洋梨或蘋果，一定很美。拿來裝沙拉或燉菜肯定也很有新意。（150×175×50）

消光白盤

和緩的線條反映出了井山三希子的溫柔。適合放和菓子或蛋糕，也可以當成用餐時的分餐小碟，為餐桌添點摩登新意。（50×80×10）

猿山×井山

ceramic works for table

多邊壺

俐落的變形六邊形設計。用途上與前面介紹的粉引壺相同，但兩者呈現出完全不同的個性。這個壺挑戰擁有者的美學搭配。（60×130×140）

消光白杯

多邊形的茶杯除了喝茶、喝咖啡之外，裝盛醋拌涼菜或芝麻拌菜之類的小菜也很好看。和風中摻著適當的現代感。（70×70×55）

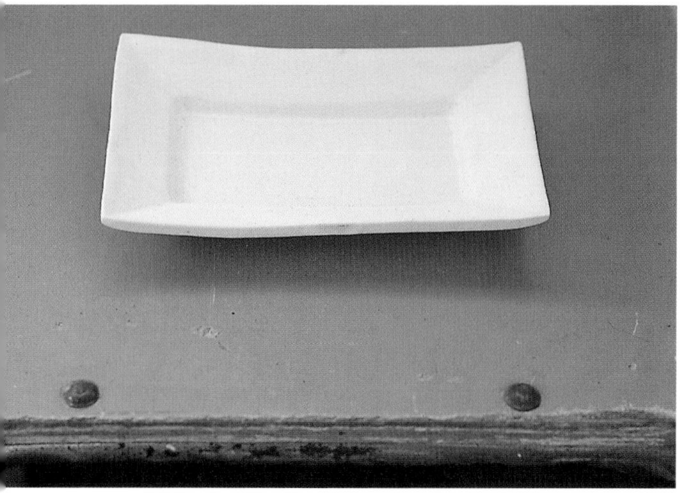

消光白盤

微微歪斜帶來了獨特的巧趣，看見它，就好想在上頭簡單擺點冰透的番茄或烤好的小青辣椒等色彩鮮豔的食材。（99×140×20）

消光八角白盤

這個變形八角平盤是井山三希子的代表作品，很受歡迎。無論搭配日式或西式料理都很合適，合手好用、令人愛不釋手。（100×40×20）

飛田和緒很喜歡井山三希子的小碟，同一世代的兩個人一見如故。

「說到我最初買的井山小姐的作品，是花生形狀跟葉片形狀的小碟子。」

我們吃著井山小姐親手做的甜栗澀皮煮，飛田跟井山愉快地聊著天。

我望著井山，她身上散發出來的味道讓我聯想起了山裡靜謐的湖泊。乍看下雖然平靜無波，但在深邃的湖底卻燃燒著對於製陶的熱情。

我有一件事很想請教她，那就是為什麼會採取石膏壓模。

「理由很簡單，因為我結婚之後，家裡只有一台轆轤。」

井山小姐的前夫也是一位陶藝家，對於當時的她而言，對方相當於師傅一樣的存在。因此師傅在用轆轤的時候，井山小姐就沒有機器可用。

「所以我才想，有沒有什麼辦法不需要用到轆轤。」

結果便是把坏土壓在事先做好的石膏模上、或把坏土壓進石膏模裡。結果這種成形技法的效果出奇地好，給了她的作品一股清新獨特的味道。每次個展都大受好評。

「我最近也開始用轆轤，不過好難。」

井山2005年10月在原宿「ZAKKA」的個展裡，展出了很多拉坏作品。

「我把井山小姐的作品拿在手邊使用後，才發現白色跟黑色的器皿很容易融入家裡原有的器物裡。大概因為邊緣纖細，消光而不搶眼，所以容易搭配。」飛田小姐如是說。

「我會把其他人的杯盤拿來跟自己的搭配，不然餐桌上全是自己的作品，感覺很奇怪。」

那天午餐時使用的餐具，也全是井山小姐依她自己的美感搭配使用的作品。不同藝術家的美感相依偎成了一片諧和的餐桌風景。

隨意擺在廚房桌上跟壁邊的小物品各有姿態、落落大方，完全是井山風格。

井山工作時這麼男性化，
作品卻充滿了女人味，
端出來的午餐也姣好而有情調。
飛田說，跟井山碰面後覺得
「也許就是因為剛中帶柔，
所以她的作品很容易
跟我家那些男藝術家的作品互相搭配。」

進窯燒製前先把坏體陰乾，一大堆不同形狀、大小的器皿在工房裡一字排開。

在井山作品的淺盤上押上想要的日期

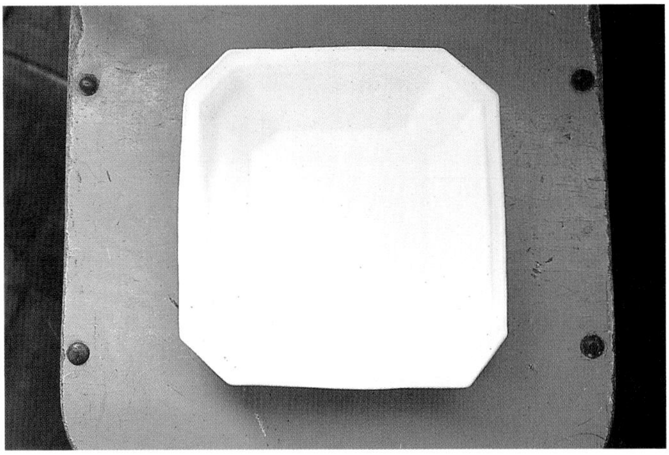

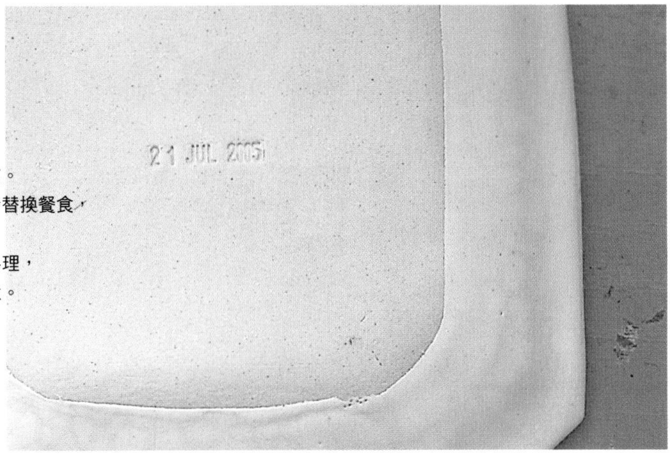

井山作品，八角淺盤。
無論是拿來在用餐時替換餐食，
擺上水果、點心，
或是裝盛中西日式料理，
都能為餐桌添加新意。
（157×160×20）

不曉得有沒有人發現？井山有些作品的底部押上了製作日期，雖然不是所有作品都有，但只要底部沒上釉的作品，都會押上日期。

押上了結婚紀念日或生日等特別的日子後，就是一份充滿紀念性的物品。拿來送禮也會讓收禮者很歡喜吧。

日日・人事物❶

夏日喝茶

文、攝影——褚炫初

長輩都說端午前不可收棉被，但六月的台北盆地，已經熱得像蒸籠。商店開始強力推銷粽子預購，街市隨處可見載著鳳梨的小發財車，這些季節性的叫賣提醒我，該到瑞安街向老吉子買點東方美人茶回家泡了。

知道老吉子茶行約莫在11年前，經由一位巴黎來的友人介紹。老吉子的老闆鄭添福先生本身是製茶師，店裡賣的茶都自己做的，台北不少知名茶館，都曾向老吉子請益或買茶。由於深諳一杯好茶背後需投入的心力血汗，所以懂茶又做了一輩子茶的他不愛強調繁文縟節，也省得附庸風雅。他說，靜心品嘗每口茶當下的滋味才是重點，其餘倒是枝微末節。

「很多人問正宗的東方美人茶到底什麼味道，如果要舉例，我覺得就像蒲桃的果實、或土裡還沒挖出來被蟲吃到的地瓜，清香中帶著青澀、辛辣的氣息。」聽說我對產量少、只在夏季採收的東方美人茶感到好奇，老吉子茶行的鄭先生（他請我別稱呼他老闆）特地用上述兩種果實做了比喻。「一般的東方美人茶給人印象發酵比較重，但最高段的東方美人茶湯是清淡的黃色，尤其是青心烏龍種、在端午前後兩個禮拜產的，因為天候變化劇烈，所以風味最特別。」

東方美人是夏季當令的茶，但只要是清香、做工好的茶葉，譬如包種或清香烏龍茶，也很適合拿來冷泡。鄭先生說，習慣喝熱茶的，可以先用開水泡兩泡，再把泡過的茶葉注入冷水或冰水；若要外出，用水壺或寶特瓶裝滿冰水，出門前再把茶葉直接丟進去就好。「冷泡是讓茶葉釋出最慢的方式，夏天我們要清爽，所以用量不用多，只要茶湯有韻味，能慢慢回甘回甜就好。以包種茶來說，最多不要超過15粒（大約一克半）就夠。」

15粒？聽起來很少，鄭先生卻說

綽綽有餘。他不鼓勵一定要喝濃茶，希望客人喝得健康，還順便傳授辨別冷泡茶濃淡是否合宜的小撇步。「其實每個人對『剛好』各有標準，有的人泡一小時剛好，有的要三小時，所以還是以喝起來舒服為主。冷泡的茶，只要湯色不要比啤酒深就好。如果顏色濃過啤酒，就代表應該加水了。」鄭先生接著補充，要做冷泡茶，冰水比冷水好，穿透力比較強，冷水容易讓茶湯喝來有氣無力，高不成低不就。濃淡適中的茶湯看起來應該和沙拉油的顏色差不多，那樣的濃度既解渴又回甘。

啤酒和沙拉油的比喻真讓人耳目一新，聽了印象深刻。老吉子不虧是製茶達人，無論香氣的比擬還是茶湯的色澤，都能用深入淺出的方式，讓門外漢如我也可迅速理解基本訣竅。

原以為東方美人茶既然是當令的茶葉，是否該像水果般趁新鮮盡快品嘗？不料鄭先生回答，當令的馬上喝固然有新鮮滋味，但比較重的發酵茶，放到隔年茶湯會更滑順。想保存到明年喝的，可以在購買時請茶行幫忙輕烘焙一下，或者，鄭先生再度發揮他崇尚天然的庶民哲學，鼓勵我們ＤＩＹ，試著拿少部分茶葉到太陽底下曬曬看，茶湯就會呈現不同風味變化。「也許有人不贊同，但這是我的看法，覺得不失為另一種選擇、而且又很簡便。太陽跟時間一樣，是最公平的，因為無論窮人或有錢人，都擁有一樣的陽光。」

來自坪林，從小跟著父親種茶製茶，我問鄭先生在生活中如何看待「喝茶」這件事？他想了會兒說，是心靈的沉靜。做茶的人用心，所以喝茶也要很用心。一般人不懂茶要了解茶，建議一次不要喝太多種。因為「在一群人當中找一個人很難，但在兩個人當中選一個喜歡的比較容易。」喝茶不一定貴的就是最好，初入門的不妨將自己喜好與預算跟茶行老闆商量，先買個四兩慢慢試。什麼樣的價格讓你喝得快樂，而不是負擔，便是對的。「還有就是態度，想喝到一杯好茶，先要懂得欣賞而不是挑剔。如

簡樸、不起眼的店裡，藏著老闆用心做出的各種茶。

老吉子
台北市大安區瑞安街180巷5號
電話：02-27028512

濃淡適中的茶湯看起來應該和沙拉油的顏色差不多。

果沒有什麼等級不喝、沒有什麼海拔不喝、不是誰種的不喝……喝茶最美好的是享受當下的感覺，還沒喝就先挑，要喝到好茶就難了。」鄭先生隨口說的喝茶之道，對應到人生許多場面，也一樣受用。

拜訪老吉子後兩天，鄭先生就飛到雲南去做茶了。他在西雙版納好不容易找到一塊淨土，春天做普洱，夏天做紅茶。雲南紅茶（滇紅）聞名於世，他說紅茶的香甜與醇厚，是包種、烏龍所沒有的。這次一去要一個月，鄭先生打算徹底研究每道製程，讓他的滇紅比去年色澤更清透、味道更溫潤。聽完這話，剛買的東方美人茶還沒喝完，我已引頸期盼老吉子今年的滇紅趕快完成。畢竟台灣的夏天很長，好喝的冰紅茶怎麼可以缺席呢？

特集3

從明治時代開業至今的 神田「牡丹」

雞肉壽喜燒

雞肉壽喜燒專門店「牡丹」是作家池波正太郎與川口松太郎等人所眷愛的東京庶民風味之一。
在昭和初期保留至今的和室裡，品嚐用備長炭煮烤的「雞肉壽喜燒」
涼秋暮色深掩，嘴裡嚐著懷舊的滋味、餘韻無窮。

文—高橋良枝　攝影—杉野真理　翻譯—蘇文淑

大家對「壽喜燒」的印象通常是牛肉，不過牛肉是近年才盛行。

「雞肉壽喜燒的歷史比牛肉壽喜燒久多囉！我家店鋪在明治30年左右起家，聽說那時候的雞肉鍋就是平常老百姓的餐桌滋味哪。」

「牡丹」第四代老闆櫻井一雄平靜地聊著。

江戶時代明令禁制老百姓吃四條腿的動物，因此一般人根本吃不到牛肉或豬肉，但飛禽不在此限，所以老百姓也就發展出了以雞、鳥等禽類為主的食用方法。

文獻記載當時京都、大阪的人把雞肉鍋稱為「黃雞」（Kashiwa），江戶人則稱為「軍雞」（Shamo）。

「因為雞肉的味道淡，搭配的食材只有炭燒豆腐、青蔥跟白蒟蒻絲而已，以免搶味。我們家從創業以來就一直這麼搭配。」

牡丹的雞肉壽喜鍋用的除了雞胸與雞腿之外，還有雞內臟、以及拌入了雞蛋的手打碎肉「Tataki」。

「創業時好像把皮跟內臟都丟掉，只留下雞肉，不過我們這種一般餐館還是多嘗試比較好，所以把內臟加了進來。還好客人很捧場，說好吃好吃，於是就留了下來。」

牡丹的雞肉從以前就跟同一家店進貨，炭燒豆腐也一直向附近的某家豆腐店買。

「這附近有家豆腐店是用從前的鹽滷作豆腐，所以我們一直跟他們買。味道不一樣吧？」

這完全就是壽喜燒呀！關東吃法，把食材用醬汁煮過，一煮熟就立刻夾起來蘸生蛋黃吃。

「醬汁用的是醬油、味醂、三溫糖跟柴油湯底調配而成，冬天跟夏天的比例會稍微不同。」

昭和4年興建的和室裡，炭火上煮著「雞肉壽喜鍋」，享受著時光倒流的享樂滋味。

燒得紅燙燙的炭火，
雞肉跟蔬菜在鐵鍋裡煮得滋滋響。
經年傳下來的火缽跟矮桌，
這一切，調和成了一抹鄉愁。

明治時代，老滋味
關東式醬汁煮物法

手掌大的鐵鍋擺在木製的箱型火缽上，小矮桌則塗上了朱漆。長年累月的使用痕跡在磨圓的邊角上留下了歲月的腳步。櫻井先生說：「店裡的器物一直視情況慢慢添購，不過現在很少人做這些東西了。」或許保留古味，才是最奢侈的渴求吧。

雞肉壽喜燒的材料

圖為兩人份。
左前方為兩人份的手打碎肉，
後頭的兩個醬料壺裡分別裝了醬汁跟湯底，
喜食清淡的，可以把醬汁以湯底調淡，
隨個人口味斟酌。

燒得紅通通的備長炭火上擺上一只鐵鍋，
燒熱後丟一抹雞肉肥油進去。
新鮮的肥油白脂豔豔，
過火後馬上竄出了香氣。

把雞肉平鋪上去，小心不要重疊。
一煮到某種程度後，
就下香蔥、豆腐、白蒟蒻絲跟醬汁
滾過一次。

用筷子夾起一口大小的
手打雞肉，下鍋燒熟後
隨個人喜好
蘸生雞蛋來吃。

收尾方式
每個人都不一樣，
把雞蛋打進鍋裡煮、
或加白飯煮成粥皆宜。

白飯跟醃漬醬菜組

隨鍋附上的白飯吃完了，還可以加點。
搭配的醃漬醬菜有高麗菜淺漬、
米糠小黃瓜醬菜、蘿蔔乾等。

建於昭和4年的木造三層樓建築，在小心維修、保存之下，現在依然營業中

2樓宴客廳一角。窗欄上雕著牡丹花紋。4人座位的兩頭擺著小巧矮桌，中間擺著火缽，充滿了昭和初期的氛圍。

東京大空襲時，「牡丹」所在地的神田須田町有幸逃過了祝融之劫，現在這一帶還有一些珍貴的昭和初期老鋪，維持著舊時模樣，在當初的和風建築裡經營。

目前牡丹的細膩建築物是第2代老闆於昭和4年時，不惜重本所打造的。1樓為廚房跟包廂，2樓有宴客廳跟小包廂，3樓則是第4代一家人居住的空間。如有機會造訪，不妨靜心享受一下古老建築那珍貴的氛圍。

凝聚了工匠巧思的日本民宅，獲選為東京都歷史建築物。

第4代老闆櫻井一雄先生。櫻井家跟這一帶的老鋪「藪蕎麥」及「竹村」都是親戚。

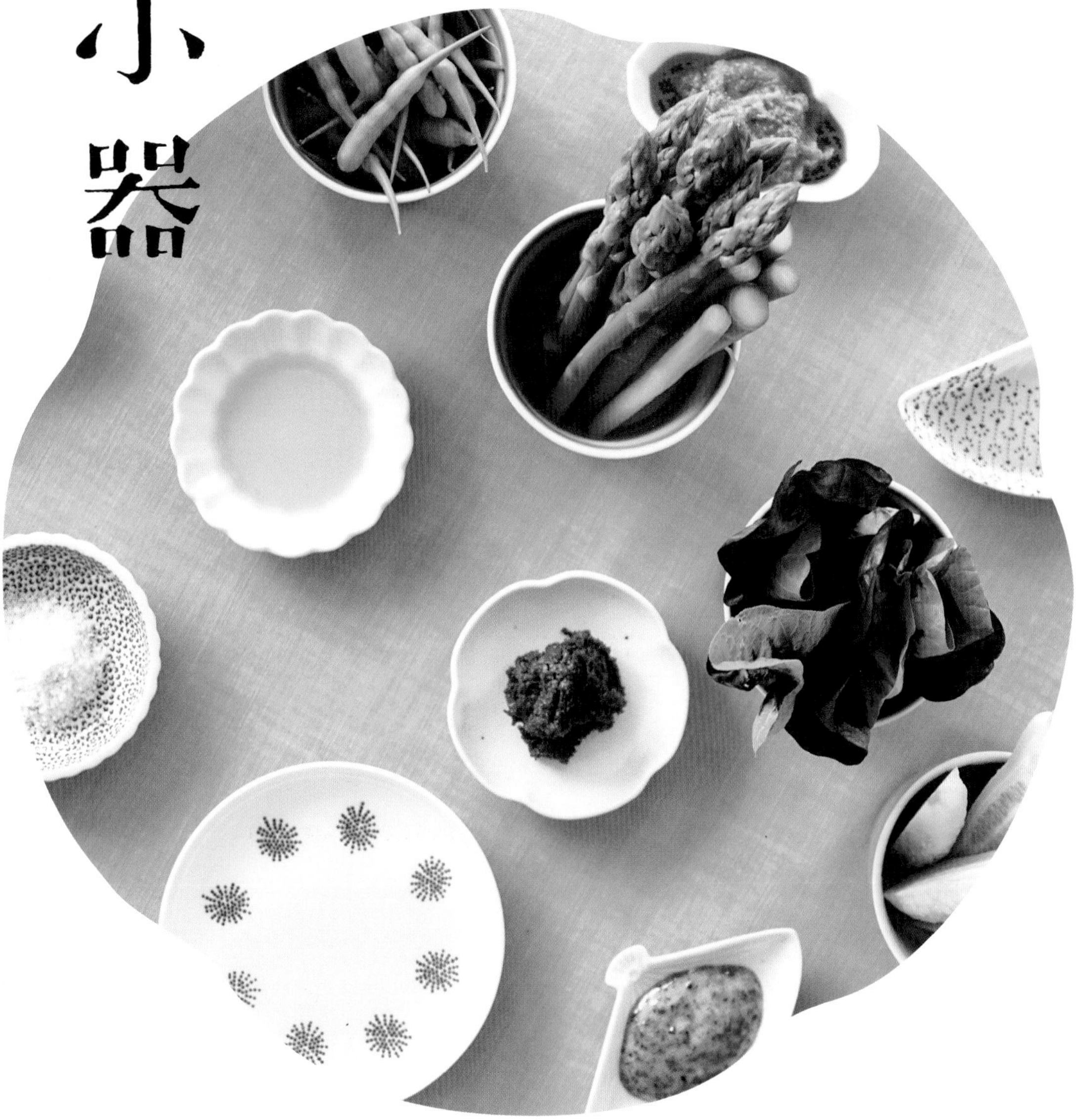
小器

桃居・廣瀨一郎
此刻的關注❷

橫山拓也之器

橫山的白色作品
一般應該會稱為
粉引或粉吹吧？
但他卻故意要叫它
「白陶」。
自負盡顯其中。

攝影—日置武晴　文—廣瀨一郎　翻譯—蘇文淑

「他喜歡製作四角型的器皿。
扎實的厚度跟乾淨的收邊，輕重之間的絕妙平衡。
像一張白色的帆布，讓人看了想擺上食物。」

變形高台皿（台皿）、高盤（板皿）　左（175×175×45）　右（145×145×50）

讓破布吸飽了白色化妝土後，按擦在紅土坏體上。製造出來的觸感與風味就某種層面上來說，有點近似刷繪。當然，呈現在眼前的，只是白色的坏體而已。

——到目前為止，我所追求的，是誰也沒嘗試過的色澤、觸感跟形體的白色陶器。

「他所拉的坏，收尾方式總是那麼美。
線條像波浪般輕輕晃動，
看著他的坏，感覺像在寂靜中傾聽著心跳的節奏，愜意悠然。」

茶杯（湯吞み）、醬汁杯（蕎麥猪口）、杯子
由左至右：（85×80）、（80×50）、（75×85）

「桃居」 東京都港區西麻布2-25-13 電話：03-3797-4494 週日、週一、例假日公休 http://www.toukyo.com/
廣瀨先生以個人審美觀選出當代創作者的作品，寬敞的店內空間讓展示品更顯出眾。

日日歡喜❶

「早晨的第一杯飲料」

在一天剛開始喝下去的飲料，
既可讓還想睡的身體清醒，
也能大喊「加油！」提振士氣，
所以這一杯，非常重要。
《日日》的夥伴們，
早上都喝些什麼呢？

飛田和緒（料理家）

新鮮柳橙汁

我也很喜歡喝茶，但是在懷孕期間，愛上柳橙汁。也會把當天有的水果榨成果汁來喝。用得是DURALEX的玻璃杯，因為不是很講究，也會拿這杯子喝茶。

高橋良枝（編輯）

台灣烏龍茶

每個月都收到一罐來自台灣的烏龍茶。日本似乎買不到。茶杯已經買了好幾年，是花岡隆先生做的茶碗。由於杯底很平穩定性夠，非常適合粗心大意的我。「桃居」　電話：03-3797-4494

三谷龍二（木工設計師）

名古屋 Kajita 的咖啡豆

把咖啡豆磨好，再用濾紙慢慢沖來喝。杯子是簡單的白色GINORI瓷器。
「coffee Kajita」　電話：052-775-5554

久保百合子（造型師）

「Oya coffee」的咖啡豆

我用磨豆機研磨「Oya coffee」咖啡豆泡杯濃咖啡。杯子5年前在荷蘭買的，不過是法國製。「Oya coffee」位於京都，可惜因應店家要求，無法公開。

公文美和（攝影師）

莖茶

把沸騰的滾水放涼到80度左右，注入莖茶茶葉（編注：莖茶是製作煎茶和玉露時，從中挑選出新芽的葉柄而成）小心翼翼地泡來喝。容器是黑田泰藏先生所做。「SAVOIR VIVRE」 電話：03-3587-7365

日置武晴（攝影師）

富維克礦泉水

冰箱裡永遠會冰一公升裝的富維克礦泉水。基本上我只喝水。玻璃杯是辻和美小姐的作品。因為是多年前在她的個展上買的，不知現在是否還能買到。

赤沼昌治（平面設計師）

湯匙印的檸檬砂糖

在立頓黃標紅茶裡面加湯匙印（譯註：三井製糖生產的檸檬口味砂糖品牌）的檸檬砂糖來喝。馬克杯是用20本新潮社的文庫本抽獎換來的，獎品是Yonda？的馬克杯。（譯註：Yonda？是新潮社推廣讀書運動的代言公仔）

日日歡喜❷

「點心」

人不管活到幾歲，
都喜歡點心時間。
《日日》的夥伴在工作的中場休息、
假日的午後，
是怎麼享受他們的
茶點時光呢？
茶點可不只是茶點，這才有趣呢！

飛田和緒（料理家）

石花菜做的洋菜凍

搬到海邊後，才開始常吃這道點心。先跟魚店買石花菜回來曝曬，煮成湯汁放涼後讓它結凍。自己做可以聞得到海水香。吃時，切成小塊淋上滿滿的黑糖蜜。糖蜜可以用黑糖跟水調和煮過，更聞得到糖香膩人。嘴饞時，隨時可來上一小碗。

高橋良枝（編輯）

柏水堂的 figue cake

《日日》的編輯部位於東京書店林立的神保町裡，附近有間創業於昭和四年的洋菓子老店「柏水堂」。茶點時間，我常買這個杯子蛋糕回來吃。Figue在法文裡是無花果的意思，我很喜歡蛋糕裡的無花果乾吃起來的顆粒感。柏水堂　電話：03-3295-1208

三谷龍二（木工設計師）

久星食品的花林糖

信州人很重視茶點時間。茶點時間一到，一定要喝得一肚子水，吃上一堆野澤菜跟蔬菜煮成的燉菜。對於務農的人來講，茶點時間是必要的休息時光。木工的體力消耗其實也很驚人，吃一點素樸扎實的黑糖點心，心情就會很愉快。久星食品株式會社　電話：0263-26-0132

久保百合子（造型師）

薇莉達的沙棘糖

這是以芳療及精油著名的薇莉達（WELEDA）所出品的糖果，我很喜歡它高雅的杏仁味，總是在包包裡放上幾顆，傍晚疲倦時就吃個一、兩顆來轉換心情。薇莉達有機保養專櫃EBISU　電話：03-5768-9577

公文美和（攝影師）

再來一杯柚子優格

打開杯蓋後，先看到一層柚子凍，接著底下是完美交融了柚子皮跟蜂蜜的優格。吃的祕訣是用湯匙把果凍跟優格一起舀起放入口中。這是吃完後，會讓人想喊「再來一杯！」的優格。高知縣特產直營店，信濃屋。　電話：03-3412-2448

日置武晴（攝影師）

梅乾丸

我幾乎不吃甜點，不過很喜歡梅乾。梅乾不容易攜帶，所以隨身帶著這種梅乾丸，拍照的空檔時吃一、兩顆。我喜歡它溫和的梅子酸，也沒添加其他不需要的成分。（株）Umeken　梅乾丸（有機，約43顆）　電話：06-6901-7211

赤沼昌治（平面設計師）

銀座 Cozy Corner 的巧克力蛋糕

我很喜歡甜點，只要聽說哪裡有好吃的蛋糕就想試一下。不過試來試去後，還是喜歡這家杏仁脆糖的口感，所以又回到了Cozy Corner陣營。大家都沒想到以泡芙出名的這家店，巧克力蛋糕也不錯吧？只要看見車站前的紅色招牌，就知道「巧克力蛋糕」到了。

專欄　植物日和❶

賈曼的花園

文、圖─林明雪

「天堂存在於花園，我的花園便是其一。」賈曼

尋找和園藝有關的書籍時，意外地發現一本名為《*Derek Jarman's Garden*》的攝影集。以前只知道賈曼拍電影，現在才發現原來賈曼也蓋花園。

1986年，賈曼在英國南部的海邊買下了一棟令他鍾情的漁人小屋，而早些時候，他已得知自己感染了愛滋病毒。小屋面對多佛海峽，石礫和蔓草交織的風景從屋前一路蔓延到海邊；放眼望去還能見到一座運轉中的核電廠。賈曼被這荒涼的景象吸引，對他來說「這裡宛如另一個世界，四周的光線帶著奇異的色彩」。

賈曼開始在這裡生活，並且給漁人小屋重新取名為「展望小屋」（Prospect Cottage）。他熱衷於當個拾荒者，成天在海邊挑撿石頭和浮木，尋找任何他感興趣的生鏽金屬：捲曲的鐵條、船錨、鍊子都是他的寶物。一些和神祕學有關的書籍帶給他靈感，他著迷在小屋前的空地上把大小不一的石頭排成石圈，把造型各異其趣的浮木和鐵條鑲立在屋子四周。他發現了一根奇特的浮木，並且拿它當木樁移植了一株狗玫瑰；狗玫瑰成了賈曼花園的開端。稍後他又種了一些海甘藍菜，儘管海風還是很強，植被的條件依舊糟糕。慢慢地，屋子四周又多了些植物：金雀花、鳶尾、菜薊、矢車菊、罌粟、牛舌草等互相錯落生長。一些香草植物如蠟菊、棉杉菊、薰衣草、鼠尾草和茴香，也逐漸適應環境展現出強勁的一面。路旁有群生的纈草，那是賈曼心愛的植物，帶給他滿懷回憶。盛開的花引來了成群的蝴蝶，充分的蜜源足以讓好幾巢的蜜蜂們過冬。

賈曼在這裡度過了人生最後幾年的時光。他的攝影師好友霍華索利（Howard Sooley）用鏡頭紀錄了賈曼的生活以及花園裡的種種，照片收錄在日後出版的《*Derek Jarman's Garden*》這本攝影集裡。攝影集相當迷人，單單是那些鵝卵石、農具、地衣、鐵鏽、蜂巢的照片都讓我看得入迷。我喜歡一張賈曼胸前掛著帆布袋駐足在海灘的照片，不知道這一天賈曼又從海邊撿回了什麼？

而一個花園也代表了所有我想對你說的話，
如果說不出我有多麼地悲傷或者快樂，
那麼我就種植等量的花。

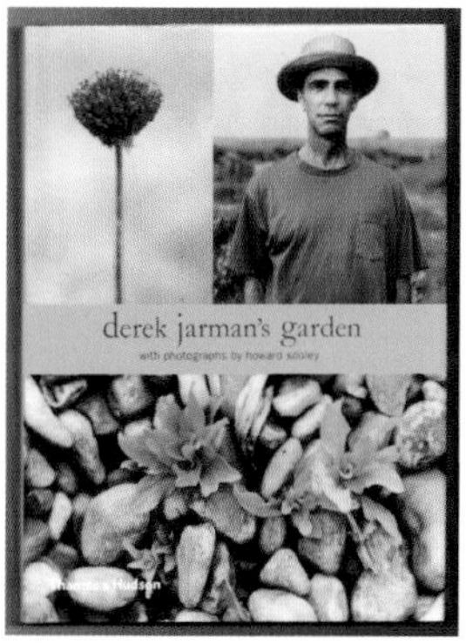

"*Derek Jarman's Garden*" by Derek Jarman（Thames and Hudson Ltd, 1995）

"你去過賈曼的花園嗎？" ©2011林明雪／KaiKai KiKi Co., Ltd. All Rights Reserved.

對我來說，一個花園可以是生活的全部，是知識、感情，也是創造。而一個花園也代表了所有我想對你說的話，如果說不出我有多麼地悲傷或者快樂，那麼我就種植等量的花。理想的花園背後意味著不間斷也不過度的勞動，翻著書的時候我總是猜想賈曼每天究竟花上幾小時在花園裡翻土、除草、澆水、以及搬運？又要花掉多少時間注視一棵植物或者觀看蜜蜂們清理腳上的花粉囊？很多時候我們必須花掉這些時間來度過時間。

一個花園的擁有者，心中肯定有另一座嚮往的花園。1994年，賈曼在生命的最後，即使拄著拐杖也要到巴黎附近的吉維尼小鎮看一眼莫內的花園。賈曼在書上說「天堂存在於花園，我的花園便是其一」，我想，賈曼或者莫內的花園都是天堂一樣的地方。

花與生活❶

充滿清涼感的夏日小桌花

文—Frances　攝影—李維尼
攝影場地提供—日子咖啡

白色、粉色的花朵，可以讓視覺降溫，
搭配鮮豔的綠色葉材，更加清爽。
這次使用的花材是白色桔梗、滿天星；
葉材是山蘇和山歸來的果實。

林連素珍

德國花協（FDF）與工商總會（IHK）
Master Florist考試通過（歐盟認證），
現任行政院勞委會技能競賽花藝職類裁判團成員，
中華花藝研究推廣基金會花藝教授及北區分會長。

① 準備花材和花器，桌花可選擇較淺的器皿。

② 先將山蘇微微折彎排列在器皿中。

③ 排到呈現略緊的狀態，即可成為天然的支架，用來代替海綿或劍山。倒入清水至可蓋過莖的高度。

④ 將桔梗剪短、莖末斜切之後，插在山蘇與山蘇的間隙中。可找出一面為正面觀賞的方向，以此為準安插高低錯落的花朵。

⑤ 接著在桔梗的空隙中，插入適當高度的滿天星。

⑥ 最後在較低的位置，以為繞圓形器皿周圍的方式，插一圈山歸來的果實。

翠綠色和淡綠色圍成一圈，
中間留空的圓形裡，淺淺的清水
也讓炎炎夏日頓時清涼了起來。

花藝新手 Tips

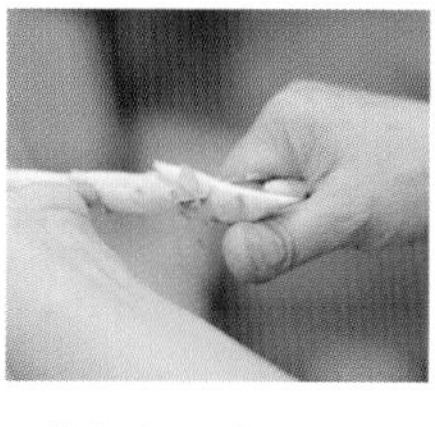

從花市採買回來之後，首先要先處理花莖的部分，正確的方式是用刀片斜切花莖，而不能用剪刀直接剪。因為剪刀會破壞花莖的纖維，妨礙水分的吸收，而且用斜切的方式還能增加吸水的面積，讓花朵更加生意盎然。

日々・日文版 no.1 no.2

編輯・發行人——高橋良枝
設計——赤沼昌治
發行所——株式會社atelier vie
http://www.iihibi.com/
E-mail：info@iihibi.com
發行日——no.1：2005年06月10日
no.2：2005年10月20日

日文版後記

2004年一個早春的日子，4位女性一起在六本木一家日式餐廳裡吃飯。成員有料理家的飛田和緒小姐，攝影師公文美和小姐，造型師久保百合子小姐，還有編輯高橋良枝。

在隨興的對話中，不知誰提出了「來做一本我們自己的雜誌吧」的話題，大家討論得非常興奮。後來，真的就以這4個人為中心，開始了《日々》這本小雜誌的製作。

我們期待《日々》成為一本幫助讀者在尋常生活中找到幸福感的刊物。從每天吃的飯菜、器皿雜貨、食材，還有很溫暖的手工藝品開始。

我們希望《日々》的讀者也能一起加入。如果有類似「野良坊」這種地區限定的食材、小小的早市、具有地方特色的風味餐等情報，請不吝透過寫信、傳真和電子郵件與我們分享。我們等著你。也請看看《日々》網站：http://www.iihibi.com

---

日日・中文版 no.1

主編——王筱玲
設計・排版——黃淑華
發行人——江明玉
發行所——大鴻藝術股份有限公司｜大藝出版事業部
台北市103大同區鄭州路87號11樓之2
電話：（02）2559-0510
傳真：（02）2559-0502
E-mail：service@abigart.com
總經銷：高寶書版集團
台北市114內湖區洲子街88號3F
電話：（02）2799-2788
傳真：（02）2799-0909
印刷：韋懋實業有限公司

最新大藝出版書籍相關訊息與意見流通，
請加入Facebook粉絲頁
http://www.facebook.com/abigartpress

發行日——2012年7月30日初版一刷
ISBN 978-986-87817-6-4

日日／日日編輯部編著. -- 初版. -- 臺北市：
大鴻藝術, 2012.07　48面；　26X19公分
ISBN 978-986-87817-6-4（平裝）
1.商品　2.臺灣　3.日本
496.1　　　　101013257

發行人後記

因為是中文版第一期，所以依照慣例好像要說說創刊緣起。但因為過程實在簡白到不值得一提，所以就直接略過。

當我在3月底跟出版社提出翻譯這本雜誌的想法之後，某次回台，便不懷好意地聯絡了3位好友，假意要約吃火鍋，然後東南西北地聊，從麻辣鍋店聊到雙聖吃甜點，到差不多最後1個鐘頭（是的，那天我們聊了將近7個鐘頭），才淡淡地提到《日日》。就這樣，在那次之後，被我們暱稱為婦女會的成員，一樣是4個人，一起做了這本雜誌。我們的組合，不像日文版那麼地結構完整。不過當然也少不了最重要的靈魂人物，主編王筱玲，專欄與對談執筆的電影導演傅天余，翻譯家也是作家褚炫初，以及只在旁邊喊燒，並奉獻最後一頁兩百字發行人後記的我，零售業業者（？）。雖然選擇用翻譯而非全部自製內容，就是因為想走出台灣看似很大，其實很小的圈圈。不過目前專欄的寫作者都還是自己平常最為熟悉的朋友。也許因為最為熟悉，所以最為信任與了解，知道他們不會寫出令人失望的內容。中文版第1期的內容結合了原本日文版第1期與第2期的內容，雖然年代久遠，但是現在看起來卻一點都不陳舊。也許是因為我們所追求的生活本質，是一直沒有也不會改變的。

歡迎加入《日日》中文版Facebook粉絲頁
http://www.facebook.com/hibi2012